Ernst Probst / Raymund Windolf

# Stenopelix

## Papageienschnabel oder Dickschädel?

*Bild auf Seite 3:*
*Dinosaurier Stenopelix valdensis*
*eher wie ein Kuppelkopfdinosaurier (links)*
*oder mehr wie ein Papageiendinosaurier (rechts) aussehend.*
*Ausschnitt aus einem Gemälde von Mario Kessler (Foto)*
*für das Buch „Dinosaurier in Deutschland" (1993)*
*von Ernst Probst und Raymund Windolf (1953–2010).*
*Bild: Mario Kessler Graphik Design & Illustration Studio,*
*Schondorf am Ammersee, www.studio-mario-kessler.de*

Verlag: Ernst Probst
Im See 11, 55246 Mainz-Kostheim
Telefon: 06134/21152
E-Mail: ernst.probst (at) gmx.de
ISBN: 978-1-689-49327-7

Herstellung: Tredition GmbH, Ahrensburg

*Buch „Dinosaurier in Deutschland" (1993)
von Ernst Probst und Raymund Windolf (1953–2010)*

# Vorwort

1855 kam auf dem Berg Harrl bei Bückeburg das kopflose Skelett eines kleinen Dinosauriers aus der Unterkreidezeit vor etwa 140 Millionen Jahren zum Vorschein. Der Fund wurde von Hermann von Meyer (1801–1869), dem bedeutendsten deutschen Wirbeltierpaläontologen des 19. Jahrhunderts, untersucht, 1857 wissenschaftlich beschrieben und Stenopelix („Enges Becken“) genannt. Über die schwierige Identifizierung dieses nur zwei Meter langen Pflanzenfressers berichtet das Buch „Stenopelix“. Verfasser sind der Wissenschaftsautor Ernst Probst und der Paläontologe Raymund Windolf (1953–2010). Beide haben 1993 das Werk „Dinosaurier in Deutschland“ veröffentlicht. Daraus stammt der mit einer Kurzbiographie von Hermann von Meyer ergänzte Text dieses Buches.

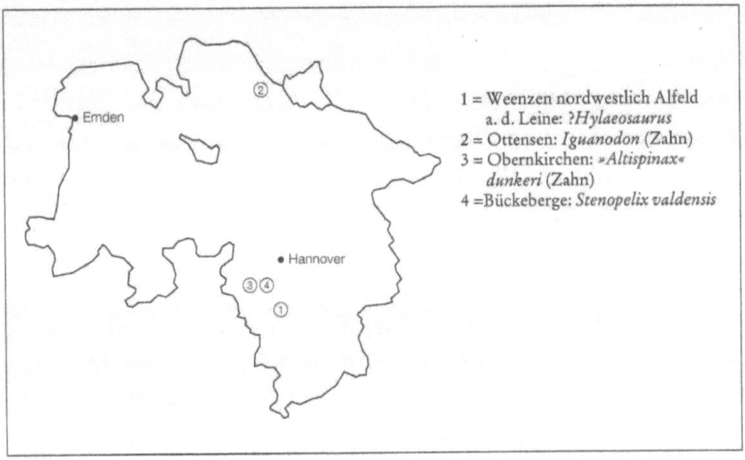


*Knochenfunde aus der Kreidezeit in Niedersachsen.*
*Fundortkarte aus dem Buch „Dinosaurier in Deutschland" (1993)*
*von Ernst Probst und Raymund Windolf (1953–2010)*

# Stenopelix

Papageienschnabel oder Dickschädel?

Von dem den Bückebergen vorgelagerten Berg namens Harrl kamen im Laufe der Jahre nicht nur zahlreiche Dinosaurierfährten, sondern auch ein kleines Dinosaurierskelett, das in der Evolution der Vogelbeckendinosaurier eine besondere Rolle spielt, zum Vorschein. Dieses schon 1855 im Sandstein des Wealden gefundene Skelett gehört in die Stufe Berrias der Unterkreidezeit und ist damit etwa 140 Millionen Jahre alt. Die Knochenmasse des Skelettes selbst wurde als schmutzig weiß, dabei weich und wegen ihrer seifenartigen Beschaffenheit als leicht abbröckelnd beschrieben. Im Gestein stellten sich die Knochen durch eingelagertes Eisen und Mangan schwärzlich dar. Das Skelett war insgesamt in drei verschiedene Steinblöcke eingelagert; zwei von ihnen gehören zusammen. Bedauerlicherweise fehlen dem Skelett der Schädel, die Halswirbel und die Brustregion, der rechte Vorderarm und beide Schultergürtel. In einem der Sandsteinblöcke ist eine Rückenansicht des restlichen Skelettes vom Hals abwärts bis zum Schwanzbeginn mit dem linken Arm, beiden Hinterbeinen und einigen Schwanzwirbeln zu sehen. Im kleineren Block sind der Beckengürtel, Teile der Hinterbeine und der vollständige Schwanz in Bauchansicht eingebettet.

Als erster beschäftigte sich 1857 der Frankfurter Paläontologe Hermann von Meyer (1801–1869) wissenschaftlich mit dem Fund: „Im Fürstenthume Schaumburg-Lippe wurden im Jahr 1855 Ueberreste von einem größeren Reptil gefunden, die seine

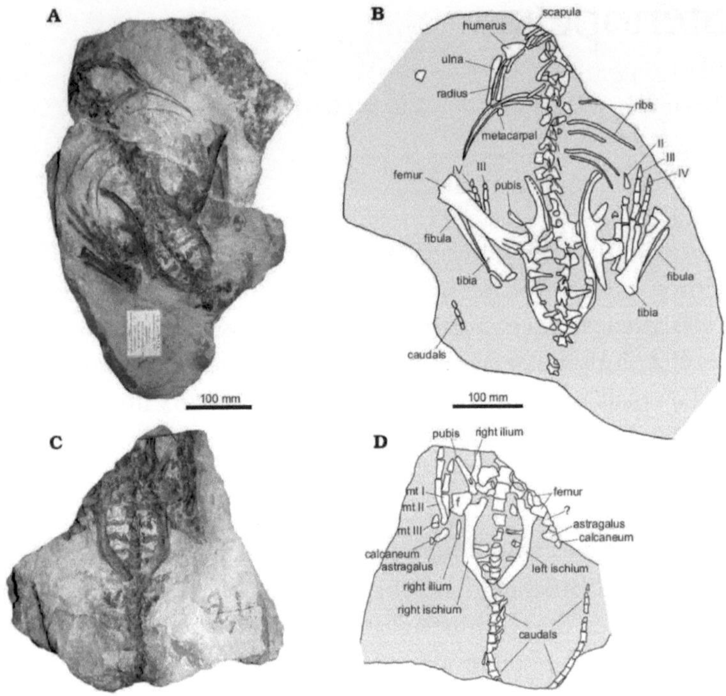


*Abbildung von Stenopelix im Artikel „The phylogenetic position of the ornithischian dinosaur Stenopelix valdensis from the Lower Cretaceous of Germany: implications for the early fossil record of Pachycephalosauria“ von Richard J. Buttler und Robert M. Sullivan in „Acta Paleontologica Polonia“ von 2009*

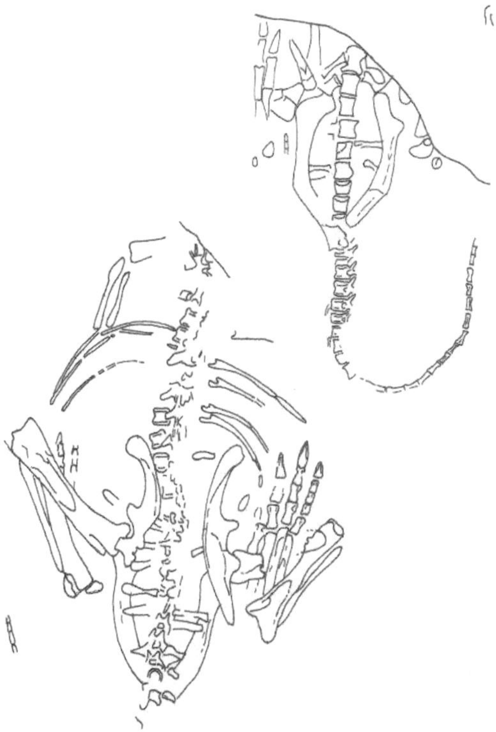

*Die kleine Steinplatte (oben) mit Sitzbeinknochen, Wirbelsäule und Schwanzwirbeln sowie die größere Platte (unten) mit Hinterbeinknochen, Becken, Rückenwirbeln und Rippen ergeben zusammen das Skelett des rätselhaften kleinen Dinosauriers Stenopelix valdensis.*

*Paläontologe Ernst Koken (1860–1912).*
*Foto: Aufnahme eines unbekannten Fotografen um 1900*

Durchlaucht, der regierende Fürst Georg Wilhelm zu Schaumburg-Lippe, mir im Januar 1857 durch Herrn Professor Burchardt zur Untersuchung mittheilen ließ."
Meyer unterzog das Skelett einer gründlichen Begutachtung, sah sich Knochen für Knochen akribisch an, hatte aber trotzdem erhebliche Probleme, das Tier systematisch einzuordnen. Nicht zuletzt lag das daran, dass zu seiner Zeit erst wenige Dinosaurier bekannt waren und solche eher kleinen Formen noch rarer waren. Was also lag für ihn näher, dieses Reptil mit Krokodilen wie *Pholidosaurus schaumburgensis* oder *Macrorhynchus meyeri* zu vergleichen, die vor wenigen Jahren am selben Ort gefunden worden waren? Aber die Überprüfungen machten Meyer nicht sicherer, ob er es mit einem ausschließlich im Wasser lebenden Reptil oder mit einem krokodilverwandten Tier zu tun habe. Zum einen erschien ihm der Schwanz zu lang und zu schmal, mit dem das Tier hätte rudern sollen, und andererseits fehlte der krokodiltypische Hautpanzer. Auch Zehen und Becken des „Fossilen Thieres vom Harrel" wichen vom Krokodilbauplan deutlich ab. Meyers Schlussbemerkung, dass dieser Rumpf von einem „eigenthümlichen Thiere stammt, das ich nach der auffälligen Form seines Beckens, sowie nach der Formation, worin es gefunden wurde, *Stenopelix valdensis* genannt habe", war Programm für die nächsten 130 Jahre, in denen das kopflose Reptil von Harrl den Paläontologen noch manches Rätsel aufgeben sollte. Dass es sich bei *Stenopelix* („Enges Becken") um einen Dinosaurier handelt, wurde erst 30 Jahre später, nämlich 1887, von dem Paläontologen Ernst Koken (1860–1912) bestätigt.
Mittlerweile war seit der Meyerschen Beschreibung eine Vielzahl neuer Dinosaurier in der Alten und der Neuen Welt entdeckt worden, so dass Koken glaubte, *Stenopelix* jetzt leichter einordnen zu können. Außerdem war er davon überzeugt, dass

*Ungarischer Paläontologe Franz Baron von Nopsca (1877–1933).*
*Foto: Porträt vor 1933*

man sich bei erneuten Untersuchungen nicht an die mürben und defekten Knochen selbst halten solle, sondern lieber an deren scharfe Umrisse im Gestein. Zu diesem Zweck wurden mit der Präpariernadel alle Knochenreste entfernt, tiefere Löcher unterhalb der Knochen im Gestein mit Wachs und Kautschuk ausgefüllt und danach Gipsabgüsse der Hohlformen hergestellt. Damit gelang es, ein wesentlich schärferes Bild vom Skelett des *Stenopelix* herzustellen.

Koken sah in *Stenopelix* einen Dinosaurier, der sehr kurze Vordergliedmaßen, sehr lange Hinterbeine, einen langen Schwanz und ein kräftiges Becken besaß. Trotz dieser neuen Skelettanalyse gelang auch Ernst Koken noch keine Antwort auf die Frage, in welche Abteilung der paläontologischen Systematik *Stenopelix* zu stellen sei.

Auch in den nächsten Jahrzehnten sah sich *Stenopelix* wechselvollen Einstufungen ausgesetzt. Der ungarische Paläontologe Franz Baron von Nopsca (1877–1933) löste das Problem, indem er *Stenopelix* 1917 in eine eigens geschaffene neue Familie, die „Stenopelyxidae“ stellte, doch schon 1923 glaubte er in ihm eher einen Gazellendinosaurier, einen Hypsilophodontiden, zu sehen. Dieser Ansicht schloss sich 1966 der große amerikanische Wirbeltier-Paläontologe Alfred Sherwood Romer (1894–1973) an, der *Stenopelix* noch 1946 in die Nähe der Papageiendinosaurier (Psittacosaurier), einer weiteren Familie kleiner Ornithischier, gerückt hatte.

Viele Jahre nahm dann kein Wissenschaftler mehr das kleine Dinosaurierskelett in der Ballerstedtschen Sammlung im Bückeburger Gymnasium in Augenschein. Erst nach dem Zweiten Weltkrieg wurde *Stenopelix* Mitte der 1960er Jahre mit neuer Aufmerksamkeit bedacht. Der Münsteraner Professor Hermann Schmidt ließ von dem Skelett neue Abgüsse anfertigen, diesmal aber nicht aus Gips, sondern aus Latex.

Und tatsächlich kamen durch dieses neue Verfahren weitere Einzelheiten des Skelettes (genauer: der übrig gebliebenen Hohlformen) zum Vorschein. Die wichtigste Neuentdeckung war die Existenz einer kleinen Verlängerung des Schambeinknochens nach hinten; Paläontologen bezeichnen dieses als „Postpubis". Dieser Knochenfortsatz ist auch von anderen Dinosauriern bekannt, die allesamt den Vogelbeckendinosauriern angehören. So wurde 1969, als Hermann Schmidt seine Ergebnisse veröffentlichte, klar, dass *Stenopelix valdensis* zu den Vogelbeckendinosauriern (Ornithischia) zu zählen sei.
Durch die im geologisch-paläontologischen Institut der Universität Hannover hergestellten Latex-Abgüsse, die zur besseren Unterscheidung sogar bunt bemalt worden waren, hatte sich der Wissensstand über *Stenopelix* beträchtlich erweitert. Jetzt wusste man, dass dieser Vogelbeckendinosaurier zu Lebzeiten wohl nur ganze 2 Meter lang war. Seine Wirbelsäulenlänge betrug 97 Zentimeter, dazu kamen noch 55 Zentimeter für die 39 Schwanzwirbel und der fehlende Hals und Schädel. Die geringe Größe von *Stenopelix* hat immer wieder die Frage provoziert, ob es sich bei ihm nicht um das Jungtier eines bereits bekannten Dinosauriers handele. Aber schon Hermann von Meyer hatte dazu bemerkt, dass dieses Tier nicht mehr allzu jung gewesen sein könne, als es starb. *Stenopelix* war demnach ein fast vollständig ausgewachsener Dinosaurier von geringer Körpergröße. Im letzten Jahrhundert glaubte man noch, dass der auf den Hinterbeinen laufende Dinosaurier Fährten auf dem Bückeberg hinterlassen habe, die sich an der verkümmerten inneren Zehe erkennen ließen. Doch schon bald stellte sich heraus, dass dies nicht stimmte und die zierlichen dreizehigen Fährten eher von jugendlichen Leguanzahndinosauriern stammten.

Neu belebt wurde das „Problem *Stenopelix*", als mehrere polnisch-mongolische Gemeinschaftsexpeditionen zwischen 1960 und 1970 in der Mongolei unter anderem neue Gattungen der sogenannten „Dickschädeldinosaurier" (Pachycephalosauria) entdeckten. Diese bereits aus Nordamerika bekannten Vogelbeckendinosaurier weisen gewaltig verdickte Schädeldecken auf, deren Bedeutung damit erklärt wurde, dass sie – vergleichbar heutigen Steinböcken oder Ziegen – bei Rammkämpfen eingesetzt wurden. Als die beiden polnischen Paläontologinnen Theresa Maryanska und Halszka Osmolska (1930–2008) die neu gefundenen Pachycephalosaurier mit anderen Dinosauriern verglichen, fielen ihnen trotz des fehlenden Schädels am Skelett von *Stenopelix* Gemeinsamkeiten mit den Dickschädlern auf. War *Stenopelix* also in Wirklichkeit ein Pachycephalosaurier? Dagegen spricht, dass fast alle Pachycephalosaurier in der Oberkreidezeit lebten. Mit einer Ausnahme: *Yaverlandia* von der britischen Isle of Wight ist mit 110 Millionen Jahren nur wenig jünger als *Stenopelix*. Peter M. Galton, der *Yaverlandia* beschrieben hatte, nahm deshalb 1976 an, dass *Yaverlandia* und *Stenopelix* ein und derselben Gattung angehörten.

Seine Behauptung revidierte er allerdings, nachdem er 1982 mit seinem Kollegen Hans-Dieter Sues *Stenopelix* in Deutschland noch einmal ausführlich untersucht hatte und auch anhand neuer Latex-Abgüsse der Skeletthohlformen zu einer anderen Überzeugung gelangt war. Nun glaubten die beiden Paläontologen, in *Stenopelix* den ältesten Repräsentanten der Ceratopsier, der Horndinosaurier, vor sich zu sehen. Damit wäre *Stenopelix* der erste Horndinosaurier, der aus dem europäischen Raum stammte. Zuvor kannte man diese Gruppe nur aus Ostasien und Nordamerika, und nun sollte ihre Wiege ausgerechnet in Niedersachsen gestanden haben! Peter M. Galton und Hans-

*Hypothetische Kämpfe zwischen Pachycephalosauriden:*
*(A) Bisonartiges Kopfschieben,*
*(B) Angriff wie ein Schaf,*
*(C) Breitseitenangriff wie eine Ziege.*
*Zeichnung: plos / CC BY 2.5 (via Wikimedia-Commons),*
*lizensiert unter Creative Commons-Lizenz by-2.5-de,*
*https://creativecommons.org/licenses/by/2.5/legalcode.de*

*Elterliche Fürsorge beim Papageiendinosaurier Psittacosaurus.*
*Zeichnung: Pavel Riha CB / CC BY-SA 3.0*
*(via Wikimedia Commons),*
*lizensiert unter Creative Commons-Lizenz by-sa-3.0,*
*https://creativecommons.org/licenses/by-sa/3.0/legalcode*

Dieter Sues konnten *Stenopelix* aber keiner der drei Gruppen, in die man die Horndinosaurier üblicherweise unterteilt, sicher zuordnen. Mit den gewaltigen Horndinosauriern im engeren Sinne, wie *Triceratops* etwa, hat der kleine *Stenopelix* wenig gemeinsam, auch nicht mit den weit kleineren, aber vierfüßig laufenden Protoceratopsiden. Aber die wie *Stenopelix* auch auf den Hinterbeinen laufenden Psittacosaurier mit ihrem seltsamen Papageienschnabel schienen auch wegen ihrer geringen Körpergrößen am ehesten mit dem Wealden-Dinosaurier vergleichbar. Deshalb ist er auf Illustrationen öfters als Papageiendinosaurier (Psittacosaurier) rekonstruiert worden. Inzwischen hat sich gezeigt, dass die auf den ersten Blick sehr unterschiedlich aussehenden Pachycephalosaurier und die Horndinosaurier näher miteinander verwandt sind, als man vorher glaubte. Sie wurden deswegen 1986 unter dem Oberbegriff „Marginocephalia" zusammengefasst. Diese Dinosauriergruppe, die sich durch unterschiedlichste Variatio-nen ihrer Schädel auszeichnet – Nackenschilde, Hörner, Knoten und Schädelstacheln –, könnte irgendwann aus einem gemeinsamen Vorfahren hervorgegangen sein. Wie dieser Ahne ausgesehen hat, bleibt Spekulation, aber S*tenopelix valdensi*s ist bis heute immerhin der einzige Dinosaurier, der aufgrund seines hohen geologischen Alters und wegen seiner Skelettmerkmale diese Stellung beanspruchen könnte. Zwar ist er nicht der direkte Vorfahre der Horn- und Dickschädeldinosaurier, aber er nimmt eine ähnliche Basisstellung ein, wi*e Emausaurus ernsti* aus Mecklenburg-Vorpommern im Vorfeld der Stegosaurier- und Ankylosaurierevolution. Damit kann Deutschland gleich zwei wichtige Bindeglieder in der Evolutionsgeschichte der Dinosaurier vorweisen.

Wie soll man sich den Schädel von *Stenopelix* vorstellen? Besaß er einen Papageienschnabel, hatte er kleine Hörner, wuchs aus seinem Nacken ein Knochenschild, oder zeigte sein Schädel Verdickungen und Knoten? War er im Erscheinungsbild eher ein Horndinosaurier oder ein Pachycephalosaurier? Endgültig kann diese Frage nicht beantwortet werden, aber wahrscheinlich zeigte der Kopf von *Stenopelix valdensis* noch keine übertriebenen und auffälligen Sonderbildungen. Die Evolution formte erst im Laufe von Jahrmillionen aus dem relativ einfachen Grundbauplan solcher Dinosaurier wie *Stenopelix* die komplizierten und phantastisch anmutenden Horn- und Dickschädeldinosaurierköpfe.

*Kopf eines Pachycephalosaurus wyomingensis mit Verletzung. Zeichnung; Ryan Steiskal / https://journals.plos.org/plosone/article?id=10.1371/journal.pone.0068620 / CC BY 2.5 (via Wikimedia Commons), lizensiert unter Creative Commons-Lizenz by-2.5-de, https://creativecommons.org/licenses/by/2.5/legalcode.de*

*Frankfurter Theologe, Jurist und Politiker Johann Friedrich von Meyer (1772–1849), der Vater des großen Wirbeltierpaläontologen Hermann von Meyer (1801–1869).*
*Bild: Porträt eines unbekannten Künstlers*

# Der große Wirbeltierpaläontologe Hermann von Meyer

Der Erstbeschreiber des Dinosauriers *Stenopelix*, der Frankfurter Forscher Hermann von Meyer (1801–1869), gilt als der bedeutendste deutsche Wirbeltierpaläontologe des 19. Jahrhunderts. Nicht wenige halten ihn sogar für bedeutender als den französischen Gelehrten Georges Cuvier (1769–1832), der als Begründer der Wirbeltierpaläontologie angesehen wird. Genau genommen war Cuvier kein gebürtiger Franzose. Er wurde nämlich im protestantischen Montbéliard (Mömpelgard), das damals zu Württemberg gehörte, als Georg Küfer geboren.
Christian Erich Hermann von Meyer – so sein vollständiger Name – kam am 3. September 1801 in Frankfurt am Main zur Welt. Er war der Sohn des evangelischen Theologen, Juristen und Politikers Johann Friedrich von Meyer (1772–1849). Wegen einer Bibelübersetzung von 1819 wurde er als „Bibel-Meyer" bekannt. Er fungierte dreimal (1825, 1839, 1842) jeweils ein Jahr lang als „Älterer Bürgermeister" der „Freien Stadt Frankfurt". Der „Ältere Bürgermeister" hatte den Vorsitz im Senat, war Chef der auswärtigen Beziehungen und des Militärwesens sowie das amtierende Staatsoberhaupt. Der „Jüngere Bürgermeister" leitete die Polizei, das Zunftwesen und die Bürgerrechtsangelegenheiten und vertrat den „Älteren Bürgermeister".
Wegen einer Missbildung war Hermann von Geburt an gehbehindert. In Frankfurt besuchte er vom Mai 1808 bis Oktober 1815 das Gymnasium. Zwei seiner Lehrer namens Miltenberg und Poppe begeisterten ihn für Mineralogie und

*Chemiker Friedrich Wöhler (1800–1882), ein Freund von Hermann von Meyer. Bild: Stich eines unbekannten Künstlers*

Technologie. Bereits als Gymnasiast betrieb er zusammen mit seinem ein Jahr älteren Freund Friedrich Wöhler (1800–1882), der sich später als Chemiker einen Namen machte, ernsthafte chemische und mineralogische Studien.
Über das Leben von Hermann von Meyer hat 1967 der Frankfurter Paläontologe Wolfgang Struve (1924–1997) in seiner Publikation „Zur Geschichte der Paläontologisch-Geologischen Abteilung des Natur-Museums und Forschungs-Institutes Senckenberg" anschaulich berichtet. Vor allem aus dieser Arbeit stammen die Fakten in dieser Kurzbiografie.
1818 arbeitete Meyer in einer Glasfabrik in Kahl, um sich auf das Hüttenwesen vorzubereiten. Aber schon nach einem Jahr gab er diese Stelle wieder auf. Auf Wunsch seines Vaters absolvierte er von 1818 bis 1822 im Bankhaus Gebr. Meyer eines Onkels eine Lehre, die ihm nicht behagte. Auch in dieser Zeit verlor er sein Interesse an Naturwissenschaft nicht und setzte die chemischen Experimente mit Wöhler fort.
Ab Mai 1822 studierte Meyer an der Universität Heidelberg. Zu seinen berühmten akademischen Lehrern gehörten der Geologe und Paläontologe Heinrich Georg Bronn (1800–1862), der Mineraloge Karl Cäsar von Leonhard (1779–1860) und der Mineraloge und Pharmakologe Leopold Gmelin (1788–1853). Zwischen 1824 und 1825 setzte Meyer an der Universität München (Landau) sein Studium fort. Während seiner Studienjahre in München entwickelte er ein inniges Verhältnis zu den „Bayerischen Staatssammlungen" und den Münchner Kunstinstitutionen.
Am 16. August 1825 wurde Meyer in Frankfurt am Main in die „Senckenbergische Naturforschende Gesellschaft" („SNG") aufgenommen. Beim Ordnen der mineralogischen und paläontologischen Sammlungen der „SNG" begeisterte er sich immer mehr für die Paläontologie. Dank seines Talents und

*Geologe und Paläontologe Heinrich Georg Bronn (1800–1862), einer der akademischen Lehrer von Hermann von Meyer. Bild: Porträt eines unbekannten Künstlers*

*Mineraloge Karl Cäsar von Leonhard (1779–1860),*
*einer der akademischen Lehrer von Hermann von Meyer.*
*Bild: Lithographie von Rudolf Hoffmann (1820–1882) von 1857*

*Mineraloge und Pharmakologe Leopold Gmelin (1788–1853), einer der akademischen Lehrer von Hermann von Meyer. Bild: Portrrät eines unbekannten Künstlers*

seines Fleißes wurde er bald vom Schüler zum „Meister auf dem Gebiet der Versteinerungskunde". 1827 wechselte er nach Berlin.
1827/1828 leitete Meyer in Nürnberg ein Institut für Glasmalerei, das beispielsweise Arbeiten im Regensburger Dom vornahm. Am 10. Juni 1829 wurde er Mitglied der „Kaiserlich Leopoldinisch-Carolinischen Akademie der Naturforscher" mit Sitz in Halle/Saale. Die „Leopoldina" ist die älteste naturwissenschaftlich-medizinische Gelehrtengemeinschaft im deutschsprachigen Gebiet und die älteste dauerhaft existierende naturforschende Akademie der Welt.
Neben seinem eigentlichen Beruf übte Meyer in Frankfurt kirchliche und gemeinnützige Ehrenämter aus. Zum Beispiel wählte man ihn am 9. November 1830 in den Kirchenvorstand der evangelisch-lutherischen Gemeinde. Am 10. Oktober 1834 wurde er in die ständige Bürgerrepräsentation aufgenommen. Ab 1835 war er Senior des evangelisch-lutherischen Armenpflegeamts.
1833 hoben Georg Fresenius (1808–1866), Hermann von Meyer und August Emanuel Ritter von Reuss (1811–1873) die erste Senckenbergische Zeitschrift namens „Museum Senckenbergianum" aus der Taufe. In dieser Zeitschrift erschienen etwa zehn Beiträge von Meyer.
Im Juli 1837 bestellte man Meyer zum „Bundescassen-Controlleur" in der Finanzverwaltung des ersten „Deutschen Bundestages" in Frankfurt am Main. Wegen starker Arbeitsbelastung legte er im November 1841 sein seit 1838 bekleidetes Ehrenamt als Abteilungsleiter (Sektionär) für Osteologie der „Senckenbergischen Naturforschenden Gesellschaft" nieder.
Hermann von Meyer und der Naturwissenschaftler Eduard Rüppell (1794–1884), die beiden wissenschaftlich bedeutenden Männer, die teilweise gleichzeitig am „Senckenbergischen

*Naturwissenschaftler Eduard Rüppell (1794–1884), Kollege, aber kein Freund von Hermann von Meyer. Bild: Gemälde von Georg Horn (1838–1911) von 1866*

Museum" in der paläontologischen Sektion tätig waren, verstanden sich wenig. Bereits zu Beginn der 1840er Jahre stand Meyer, der zuvor die paläontologische Sammlung verwaltet hatte, außerhalb und nützte nur noch die Skelette rezenter Tiere des Museums zu seinen Studien.

1845 ernannte die philosophische Fakultät der Universität Würzburg Meyer zum Ehrendoktor. Auch im Ausland wusste man seine Verdienste zu würdigen. 1845 verlieh ihm die „Geological Society von London" die Wollaston-Medaille.

Zusammen mit dem Professor für Mineralogie und Geologie an der Universität Marburg, Wihelm Dunker (1809–1885), gründete Meyer 1846 die bis heute erscheinende Zeitschrift „Palaeontographica". Darin veröffentlichte er mehr als 100 Beiträge.

In seinem umfangreichen Hauptwerk „Fauna der Vorwelt" (1845–1860) beschrieb Meyer vor allem in Deutschland gefundene Wirbeltiere aus dem Karbon, Perm, der Trias, dem Jura und Miozän. Dieses Werk enthielt 132 Tafeln mit eigenhändigen Zeichnungen. Die erste Abteilung (1845) heißt „Fossile Säugetiere, Vögel und Reptilien aus dem Molasse-Mergel von Oeningen". In dieses Werk nahm er zwei 1825 von Johann Georg Neuburg (1757–1830), dem ersten Direktor der „SNG", gekaufte Riesensalamander *(Andrias scheuchzeri)* aus Öhningen nicht auf. 1846 entlarvte er diese Fossilien als teilweise Fälschungen. Bei einem davon hatte man an einen Wirbelsäulenrest des Riesensalamanders einen kleinen Fischschädel hinzugefügt. Die zweite Abteilung der „Fauna der Vorwelt" (1847–1855) trägt den Titel „Die Saurier des Muschelkalks mit Rücksicht auf die Saurier aus Buntem Sandstein und Keuper". Der Titel der dritten Abteilung (1856) heißt „Saurier aus dem Kupferschiefer der Zechsteinformation" und die vierte Abteilung (1860) „Reptilien aus dem lithographischen Schiefer in

*Mineraloge und Geologe Wihelm Dunker (1809–1885).*
*Bild: Porträt eines unbekannten Künstlers um 1850*

Deutschland und Frankreich". Für letzteres Werk hatte er die Juraformation von Solnhofen, Pappenheim und Monsheim eingehend studiert.

Meyer untersuchte alle Klassen von Wirbeltieren wie Fische, Amphibien, Reptilien, Vögel und Säugetiere, aber auch Krebse (Crustaceen) und Kopffüßer (Cephalopoden). Innerhalb von vier Jahrzehnten verfasste er von 1828 bis 1869 mehr als 300 Fachpublikationen, davon ungefähr 240 über fossile Wirbeltiere. Nach ihm wurden 37 fossile Pflanzen und Tiere benannt.

Hermann von Meyer beschrieb als Erster viele Urzeittiere wie
das dreihufige Ur-Pferd *Hippotherium primigenium* 1829,
die Brückenechse *Pleurosaurus goldfussi* 1831,
das Rüsseltier *Dinotherium bavaricum* 1831,
den Flugsaurier *Rhamphorhynchus bucklandi* 1832,
den Flugsaurier *Gnathosaurus subulatus* 1833, den Tintenfisch *Leptoteuthis gigas* 1834,
den Schweinartigen *Hyotherium soemmerringi* 1834,
die Schildkröte *Emys turfa* 1835,
den Krebs *Eryon schuberti* 1836,
den Dinosaurier *Plateosaurus engelhardti* 1837,
den Plesiosaurier *Thaumatosaurus victor* 1841,
das Amphibium *Apateon pedestris* 1844,
das Wildpferd *Anchitherium aurelianense* 1844
den Giraffenverwandten *Palaeomeryx bojani* 1846,
den Flugsaurier *Rhamphorhynchus muensteri* 1847,
die Brückenechse *Homeosaurus maximiliani* 1847,
den Fisch *Notogoneus longiceps* 1851,
den Flugsaurier *Ctenochasma roemeri* 1852,
den Giraffenhalssaurier *Tanystropheus conspicuus* 1852,
den Gliederfüßer *Arthopleura armata* 1854,
den Frosch *Palaeobatrachus gigas* 1859,
den Riesensalamander *Andrias scheuchzeri* 1859,

*Sir Richard Owen (1804–1892),*
*Londoner Anatom und Paläontologe.*
*Bild: Porträt von 1856*

die Schildkröte *Eurysternum wagleri* 1859,
den Dinosaurier *Stenopelix valdensis* 1859,
das Amphibium *Phanerosaurus naumanni* 1860,
die Feder des Urvogels *Archaeopteryx lithographica* 1861.

Meyer korrespondierte mit vielen Fossiliensammlern sowie berühmten Fachkollegen jener Zeit wie Sir Richard Owen (1804–1892) aus London, der 1841 den Begriff Dinosaurier („Schreckensechsen") einführte. Meyer hat bereits 1830 stattdessen den Namen Pachypoda („Dickfüßer") vorgeschlagen, was sich nicht durchsetzte.

1847 konnte sich Meyer über die „Goldmedaille der Holländischen Societät der Wissenschaften" freuen. 1848 wurde er Mitglied der „Akademie der Wissenschaften" in Wien und 1853 der „Bayerischen Akademie der Wissenschaften".

1851 und 1852 fungierte Meyer als Erster Direktor der „Senckenbergischen Naturforschenden Gesellschaft". Im März 1860 erhielt Meyer einen Ruf als ordentlicher Professor der Geologie und Paläontologie an die Universität Göttingen. Doch er lehnte dieses Angebot ab, weil er befürchtete, durch eine Professur könne seine wissenschaftliche Freiheit eingeschränkt werden.

1860 wählte man Meyer zum korrespondierenden Mitglied der Göttinger Akademie der Wissenschaften.

Ab 1. Januar 1863 fungierte Meyer als „Bundes-Cassier" (Finanzverwalter) des „Deutschen Bundestages" in Frankfurt am Main. Der Beschluss für diese Ernennung wurde bei der Bundesversammlung am 20. November 1862 gefasst.

1863 nahm Meyer das „Ritterkreuz des österreichischen Franz Joseph-Ordens" entgegen. Ebenfalls 1863 benannte der in Bonn geborene Staatsgeologe der Provinz Canterbury, Julius von Haast (1822–1867), einen Berg auf der Südinsel von Neuseeland als „Mount Meyer". Dieser Berg ist im Internet mit der Software „Google Earth" zu finden.

*Münchner Geologe und Paläontologe Karl Alfred von Zittel (1839–1904). Foto aus „Palaeontographica" von 1904*

Im „Deutschen Krieg" 1866 brachte Meyer die Bundeskasse vor der preußischen Armee in Sicherheit und schaffte sie zuerst auf die Festung Ulm, später nach Augsburg. Nach dem Ende des „Deutschen Krieges" beauftragte man Meyer mit der Liquidation der Bundeskasse. Danach wurde er nach 30jähriger Amtsführung pensioniert. 1867 ging er in den endgültigen Ruhestand.
Meyer besaß keine eigene umfangreiche Fossiliensammlung. Als Privatmann mit bescheidenen Einkünften konnte er keine teuren Fossilien kaufen und kein Privatmuseum gründen. Anfangs besichtigte er bei Reisen in Süddeutschland, Böhmen, der Schweiz, Holland und Belgien Sammlungen mit Wirbeltierfossilien. Doch mit zunehmenden Veröffentlichungen überließ man ihm von allen Seiten bedeutende Fossilfunde. Wegen seiner Gewissenhaftigkeit bei der Behandlung und Rückgabe anvertrauter Objekte und seiner unbestreitbaren Autorität genoss er bald großes Vertrauen. Deshalb gelangten die interessantesten und kostbarsten Funde in seine Hände und fanden in sorgfältiger Beschreibung und eigenhändiger Abbildung ihren Platz in seinen Mappen. Oft besuchte er Versammlungen von Naturforschern in verschiedenen Städten.
1868 erlitt Meyer mehrere Schlaganfälle, bei denen seine Sehkraft geschwächt wurde. Am 2. April 1869 starb er im Alter von 67 Jahren in Frankfurt am Main an den Folgen eines Schlaganfalls..
Johannes Justus Rein (1835–1919), der damalige Direktor der „Senckenbergischen Naturforschenden Gesellschaft", schrieb 1869 im Nachruf über Meyer: „Die große Mehrzahl seiner Mitbürger, welche dem schön gewachsenen Mann in schwarzem Anzuge und dem wegen seiner mißbildeter Füße beschwerlichen Gang, den er durch einen Stock unterstützen mußte, auf seinen täglichen Spaziergängen um die Stadt begegnete, kannte ihn

wohl nur als Bundes-Cassier; nur die wenigsten wußten, welche hohe Stellung derselbe in der Gelehrtenwelt errungen hatte. – Solche, welche das Glück hatten, durch Jahrzehnte hin in freundlichem Verkehr mit H. v. Meyer zu stehen, rühmen seine tiefe Gottesfurcht und seine edle, allem Gemeinen, abholde Gesinnung; edel, wie seine Gesichtszüge, und klar, war seine Denkweise. Phrase und Selbstüberhebung waren ihm zuwider, dem Verdienst zollte er bereitwilligst seine Anerkennung, den strebsamen Anfänger in der Wissenschaft unterstützte er auf das freundlichste und fand sich wohl in seiner Gesellschaft."

Der Münchner Mineraloge Franz von Kobell (1803–1882) würdigte Meyer 1870 mit einem Nekrolog in den „Sitzungsberichten der Bayerischen Akademie der Wissenschaften". Dabei erwähnte er, die seltenen Schätze Bayerns seien es gewesen, die Meyer der Paläontologie zugeführt hätten, einem Studium, welches ihm die „erhabensten Genüsse geboten" hätte.

Der Geologe und Paläontologe Karl Alfred von Zittel (1839–1904), der 1866 den damals einzigen Lehrstuhl für Paläontologie in Deutschland an der Universität München übernommen hatte, lobte den verstorbenen Frankfurter Gelehrten in seiner „Denkschrift auf Chr. Erich von Meyer" (1870). Zittel beschrieb ihn als Persönlichkeit mit vorzüglicher Allgemeinbildung, großem handwerklichen und zeichnerischem Geschick, gerader, vornehmer Gesinnung, ausgezeichneter Höflichkeit, feinen, weltmännischen Umgangsformen, ungewöhnlichem Fleiß, großer Ordnungsliebe und wundervoll organisierter Arbeit. Öffentliches Reden habe er gescheut, der kühne Flug der Phantasie habe ihm gefehlt und philosophische Spekulationen seien seiner Natur zuwider gewesen.

Der Münchner Geologe Wilhelm von Gümbel (1828–1889) verfasste eine Kurzbiografie über Meyer in „Allgemeine Deutsche Biographie“, Band 21 (1885). Auch von Claus Priesner in der Neuen Deutschen Biographie“ (1994) und in der von Wolf-gang Klötzer herausgegebenen „Frankfurter Biographie. Perso-nengeschichtliches Lexikon“ (1996) wurde Meyer gewürdigt.

Der Stuttgarter Wirbeltierpaläontologe Rupert Wild veröffentlichte 1999 den Aufsatz „Christian Erich Hermann von Meyer (1801–1869) – Der Erforscher der Trias-Saurier“. Die Paläontologen Thomas Keller und Gerhard Storch gaben 2001 das Werk „Hermann von Meyer. Frankfurter Bürger und Begründer der Wirbeltierpaläontologie in Deutschland“ heraus. In vielen Lexika dagegen steht nichts über Hermann von Meyer.

*Plateosaurier in der Obertriaszeit*
*vor mehr als 200 Millionen Jahren in Süddeutschland.*
*Bild: Gemälde von Fritz Wendler (1941–1995)*
*für das Buch „Deutschland in der Urzeit" (1986)*
*von Ernst Probst*

# Dinosaurier in Deutschland

1834: Entdeckung des ersten Dinosauriers *(Plateosaurus engelhardti)* in Franken
1837: Hermann von Meyer beschreibt *Plateosaurus engelhardti* aus Franken
um 1840: Wilhelm Dunker entdeckt bei Obernkirchen (Niedersachsen) einen Zahn des Leguanzahn-Dinosauriers *Iguanodon*
1857: Hermann von Meyer beschreibt *Stenopelix valdensis* aus den Bückebergen (Niedersachsen)
1859: Andreas Wagner beschreibt *Compsognathus longipes* aus Kelheim oder Jachenhausen bei Riedenburg (Bayern)
1861: Hermann von Meyer bezeichnet eine 1860 in Solnhofen entdeckte Feder als *Archaeopteryx lithographica.* 1861 findet man bei Langenaltheim das erste Skelettexemplar eines Urvogels, den man ebenfalls *Archaeopteryx* zurechnet. *Archaeopteryx* gilt heute als Raubdinosaurier.
1879–1881: Erste Fährtenfunde in den Bückebergen und den Rehburger Bergen (Niedersachsen)
1904: Erste Knochenfunde in Trossingen (Baden-Württemberg)
1908: Friedrich von Huene beschreibt *Sellosaurus gracilis* (heute: *Plateosaurus gracilis) und Halticosaurus longotarsus* (heute: *Liliensternus liliensterni)*
1909: *Procompsognathus* wird am Nordhang des Stromberges bei Pfaffenhofen (Baden-Württemberg) entdeckt;
der Schüler Hermann Weiß entdeckt Plateosaurierknochen in Trossingen;
erste Dinosaurierskelettfunde in Halberstadt (Sachsen-Anhalt)

1910: Die Grabungen in Halberstadt beginnen
1911: Wichtige Fährtenfunde im Keuper Württembergs
1911–1912: Erste Trossinger Grabung
1913: Eberhard Fraas beschreibt *Procompsognathus triassicus* vom Nordhang des Stromberges bei Pfaffenhofen (Baden-Württemberg)
1921: Die Barkhausener Dinosaurierfährten (Niedersachsen) werden entdeckt
1921–1923: Zweite Trossinger Grabung
1932: Dritte Trossinger Grabung. Bei insgesamt sechs Grabungen werden Reste von fast 100 Plateosauriern geborgen
1932/1933: Hugo Rühle von Lilienstern gräbt am Großen Gleichberg in Thüringen zwei Skelette von *Plateosaurus* und zwei weitere von *Liliensternus* (früher *Halticosaurus*) aus
1934: Willi Weiss entdeckt in Franken die Fährte *Coelurosaurichnus schlauersbachensis*
1948: Die Fährte *Coelurosaurichnus (Dinosaurichnium) moeni* wird beschrieben
1950: Karl Beurlen beschreibt die Fährte *Coelurosaurichnus kehli;*
Kurt Rehnelt beschreibt die Fährten *Coelurosaurichnus schlehenbergensis* und *Coelurosaurichnus kronbergeri;*
1952: Florian Heller beschreibt die Fährte *Coelurosaurichnus metzneri* ,die ab 1986 der Fährtengattung *Atreipus* zugerechnet wird
1958: Oskar Kuhn beschreibt zwei Dinosaurierfährten aus Franken: *Coelurosaurichnus ziegelangerensis* und *Coelurosaurichnus sassendorfensis*
1963: Der gepanzerte Dinosaurier *Emausaurus* wird in einer Tongrube bei Greifswald (Mecklenburg-Vorpommern) entdeckt

1975: Erste Dinosaurierknochen aus Nehden bei Brilon (Nordrhein-Westfalen) tauchen auf
1978: Rupert Wild beschreibt *Ohmdenosaurus liasicus* aus der Gegend von Ohmden (Baden-Württemberg)
1979: Die Münchehagener Dinosaurierfährten werden entdeckt
1979–1982: Ausgrabungen in Nehden mit großartigen Funden der Leguanzahn-Dinosaurier *Iguanodon atherfieldensis* und *Iguanodon bernissartensis*
1982: Im Wiehengebirge (Nordrhein-Westfalen) wird ein vermeintliches Schwanzstachelfragment des Stegosauriers *Lexovisaurus* entdeckt,;
Kurt Rehnelt beschreibt die Fährte *Coelurosaurichnus arntzeniusi*
1988: Im Stromberg bei Pfaffenhofen (Baden-Württemberg) kommt die Fährte eines *Procompsognathus* ähnelnden Raubdinosauriers samt Hautabdruck zum Vorschein
1989: In Baden-Württemberg wird anhand einer Fährte ein weiterer Raubtierfuß-Dinosaurier (Theropode) nachgewiesen, der *Syntarsus* gleicht
1990: Der gepanzerte Dinosaurier *Emausaurus ernsti* aus einer Tongrube bei Greifswald (Mecklenburg-Vorpommern) wird von Hartmut Haubold beschrieben
1991: Neue Fährtenfunde eines großen Raubtierfuß-Dinosauriers in Baden-Württemberg
2004: Bei Grabungen in einem Steinbruch bei Balve im Hönnetal im nördlichen Sauerland (Nordrhein-Westfalen) werden Knochen und Zähne von Dinosauriern geborgen
2004: In Münchehagen (Niedersachsen) werden nahe der 1979 entdeckten alten Fundstelle weitere Dinosaurierfährten gefunden
2006: P. Martin Sander, Octávio Mateus, Thomas Laven

und Nils Knötschke beschreiben den Elefantenfuß-Dinosaurier *Europasaurus holgeri* aus dem Kalksteinbruch am Langenberg bei Oker (Niedersachsen). Der Artname erinnert an den Entdecker Holger Lüdtke
2006: Ursula B. Göhlich und Louis M. Chiappe beschreiben den 1998 in Schamhaupten bei Eichstätt (Bayern) entdeckten Raubdinosaurier *Juravenator starki*
2007: Die Dinosaurierfährten von Obernkirchen (Niedersachsen) werden entdeckt
2012: Oliver Rauhut, Christian Foth, Helmut Tischlinger und Mark A. Norell beschreiben den 2009 oder 2010 bei Painten unweit von Kelheim (Bayern) ausgegrabenen Raubdinosaurier *Sciurumimus albersdoerferi*
2016: Oliver Rauhut, Tom R.. Hübner und Klaus-Peter Lanser beschreiben den 1998 von dem Geologen Friedrich Albat im Wiehengebirge bei Minden (Nordrhein-Westfalen) entdeckten Raubdinosaurier *Wiehenvenator albati*
2017: Oliver Rauhut und Christian Foth identifizieren ein 1855 in Jachenhausen bei Riedenburg (Bayern) geborgenes Fossil als Raubdinosaurier und nennen es *Ostromia crassipes.* Vorher galt dieser Fund, der im „Teylers Museum" in Haarlem (Niederlande) aufbewahrt wird, als Urvogel.
2022: Ingmar Werneburg und Omar Regalado Fernandez beschrieben eine 1922 von Friedrich von Huene bei Trossingen entdeckte, *Plateosaurus* zugeschriebene und in der Paläontologischen Sammlung der Universität Tübingen aufbewahrte Hüfte als neue Gattung und Art namens *Tuebingosaurus maierfritzorum.*

# Literatur

BUTTLER, Richard J. / SULLIVAN, Robert M. (2009): The phylogenetic position of the ornithischian dinosaur *Stenopelix valdensis* from the Lower Cretaceous of Germany: implications for the early fossil record of Pachycephalosauria. In: *Acta Paleontologica Polonia,* 54 (1), S. 21–34, Warschau.
DODSON, Peter (1990): Marginocephalia. In: WEISHAMPEL, David B. / DODSON, Peter / OSMOLSKA, Halszka (Herausgeber)*: The Dinosauria,* University of California Press, Berkeley, S. 562–563.
FERNÁNDEZ, Omar Rafael Regalado / WERNEBURG, Ingmar: A new massopodan sauropodomorph from Trossingen Formation (Germany) hidden as „*Plateosaurus*“ for 100 years in the historical Tübingen collection. In: *Vertebrate Zoology* 72: S. 771–822, 2022.
GÜMBEL, Wilhelm von (1885): Meyer, Hermann von. In: Allgemeine Deutsche Biographie (ADB), Band 21, Duncker & Humblot, Leipzig.
HORNUNG, Jahn J. / SACHS, Sven (2003): Der Pionier der Wirbeltierpaläontologie C. E. Hermann von Meyer (1801–1869) und die Saurier der Pfalz. In: Pfälzer Heimat, Jahrgang 54, Heft 4, S. 139–146, Speyer.
HUXLEY, Thomas Henry (1870): The life of Hermann Christian Erich von Meyer. The Anniversary Address of the President. In: Quarterly Journal of the Geological Society 26, XIX und XXXIV–XXXVI, London.
KELLER, Thomas / STORCH, Gerhard (Herausgeber) (2001): Hermann von Meyer. Frankfurter Bürger und

Begründer der Wirbeltierpaläontologie in Deutschland (Kleine Senckenberg-Reihe, Nr. 40), Schweizerbart'sche Verlagsbuchhandlung, Stuttgart.
KLEPSCH, Peter (1988): Dinosaurier-Familien: *Stenopelix* und die Folgen. In: *Fossilien,* Heft 1, Jan./Feb., S. 44, 45, Korb.
KOKEN, Ernst (1887): Die Dinosaurier, Crocodiliden und Sauropterygier des norddeutschen Wealden. In: *Geologisch-Paläontologische Abhandlungen,* 3,5, S. 318–327, Jena.
KLÖTZER, Wolfgang (Herausgeber) (1996): Frankfurter Biographie. Personengeschichtliches Lexikon. Zweiter Band, M–Z (Veröffentlichungen der Frankfurter Historischen Kommission, Band XIX, Nr. 2), Waldemar Kramer, Frankfurt am Main.
KUHN-SCHNYDER, Emil (1983): Georges Cuvier (1769–1832). Weltenburger Akademie, Erwin-Rutte-Festschrift, S. 143–150, Kelheim/Weltenburg.
MEYER, Hermann von (1857): Beiträge zur näheren Kenntnis fossiler Reptilien. In: *Neues Jahrbuch für Mineralogie, Geologie und Paläontologie,* S. 532–543, Stuttgart.
MEYER, Hermann von (1859): *Stenopelix valdensis*, ein Reptil aus der Wealden Formation Deutschlands. In: *Palaeontographica,* 7, S. 25–34, Cassel.
PRIESNER, Claus (1994): Meyer, Christian Erich Hermann von Meyer. In: Neue Deutsche Biographie (NDB), Band 17, Duncker & Humblot, Berlin.
PROBST, Ernst (1986): Deutschland in der Urzeit. Von der Entstehung des Lebens bis zum Ende der Eiszeit, C. Bertelsmann, München.
PROBST, Ernst (2010): Dinosaurier von A bis K. Von Abelisaurus bis Kritosaurus, GRIN, München.
PROBST, Ernst (2010): Dinosaurier von L bis Z. Von

Labocania bis Zupaysaurus, GRIN, München.
PROBST, Ernst / WINDOLF, Raymund (1993): Dinosaurier in Deutschland, C. Bertelsmann, München.
REIN, Johannes Justus (1869): Nachruf auf Hermann von Meyer. In: Berichte der Senckenbergischen Naturforschenden Gesellschaft, S. 13–17, Frankfurt am Main.
SCHMIDT, Hermann (1969): *Stenopelix valdensis* H. v. MEYER, der kleine Dinosaurier des norddeutschen Wealden. In: *Paläontologische Zeitschrift,* 43, S. 194–198.
SUES, Hans-Dieter und GALTON, Peter M. (1982): The systematic position of *Stenopelix valdensis* (Reptilia: Ornithischia) from the Wealden of North Western Germany. In*: Palaeontographica,* Abteilung A (178), 4–6, S. 183–190.
WIKIPEDIA (Online-Lexikon): Hermann von Meyer https://de.wikipedia.org/wiki/Hermann_von_Meyer
WIKIPEDIA (Online-Lexikon): *Stenopelix* https://de.wikipedia.org/wiki/Stenopelix
WILD, Rupert (1999): Christian Erich Hermann von Meyer (1801–1869) – Der Erforscher der Trias-Saurier. In: HAUSCHKE, Norbert / WILDE, Volker (Herausgeber) (1999): Trias – eine ganz andere Welt. Mitteleuropa im frühen Erdmittelalter, Pfeil, München.
WINDOLF, Raymund (1989): Dinosaurier-Lexikon. Das aktuelle Wissen über die Dinosaurier, von ihren Anfängen bis zum Aussterben, Goldschneck-Verlag Werner K. Weidert, Korb.
ZITTEL, Karl Alfred von (1870): Denkschrift auf Christ. Erich Hermann von Meyer, G. Franz, München.

# Die Autoren

Ernst Probst, 1946 in Neunburg vorm Wald (Oberpfalz) geboren, war von 1973 bis 2001 verantwortlicher Redakteur bei der „Allgemeinen Zeitung" in Mainz und betätigte sich in seiner Freizeit als Wissenschaftsautor. Ab 1977 beschäftigte er sich mit der Erdgeschichte Deutschlands, zunächst als Fossiliensammler im Mainzer Becken, später als Verfasser von Artikeln für Tages- und Wochenzeitungen in Deutschland, Österreich und der Schweiz. Die „Welt" nannte sein 1986 erschienenes Buch „Deutschland in der Urzeit" ein „Glanzstück deutscher Wissenschaftspublizistik". Bis heute veröffentlichte er mehr als 450 Bücher, Taschenbücher und Broschüren aus den Themenbereichen Paläontologie, Kryptozoologie, Archäologie und Geschichte.

Raymund Windolf, geboren 1953 in München, gestorben 2010 in Rott/Lech, interessierte sich bereits als Sechsjähriger für Dinosaurier. Sein Berufsleben begann er mit einer Ausbildung zum Wetterdiensttechniker (Wetterbeobachter). Von 1975 bis 1983 arbeitete er beim „Deutschen Wetterdienst". Mit ideeller und finanzieller Unterstützung seiner Ehefrau Regina Cossmann studierte er danach Zoologie, Botanik und Paläontologie. Zeitweise war er Herausgeber der Zeitschrift „Dinosaurier-Magazin". 1989 veröffentlichte er das „Dinosaurier-Lexikon" und 1993 zusammen mit Ernst Probst das Buch „Dinosaurier in Deutschland". Während seiner Tätigkeit für den „Dinopark Münchehagen" war er ab 1998 an der Bearbeitung von Dinosaurierfunden aus Niedersachsen beteiligt.

# Bücher von Ernst Probst

(Auswahl)

Als Mainz im Meer lag
Als Mainz noch nicht am Rhein lag
Der Europäische Jaguar
Der Mosbacher Löwe. Die riesige Raubkatze aus Wiesbaden
Der Rhein-Elefant. Das Schreckenstier von Eppelsheim
Der Ur-Rhein. Rheinhessen vor zehn Millionen Jahren
Deutschland im Eiszeitalter
Deutschland in der Frühbronzezeit
Deutschland in der Mittelbronzezeit
Deutschland in der Spätbronzezeit
Die Aunjetitzer Kultur in Deutschland
Die Straubinger Kultur in Deutschland
Die Singener Gruppe
Die Arbon-Kultur in Deutschland
Die Ries-Gruppe und die Neckar-Gruppe
Die Adlerberg-Kultur
Der Sögel-Wohlde-Kreis
Die nordische Bronzezeit in Deutschland
Die Hügelgräber-Kultur in Deutschland
Die ältere Bronzezeit in Nordrhein-Westfalen
Die Bronzezeit in der Lüneburger Heide
Die Stader Gruppe
Die Oldenburg-emsländische Gruppe
Die Urnenfelder-Kultur in Deutschland
Die ältere Niederrheinische Grabhügel-Kultur
Die Unstrut-Gruppe
Die Helmsdorfer Gruppe

Die Saalemündungs-Gruppe
Die Lausitzer Kultur in Deutschland
Die Dolchzahnkatze Megantereon
Die Dolchzahnkatze Smilodon
Die Säbelzahnkatze Homotherium
Die Säbelzahnkatze Machairodus
Die Schweiz in der Frühbronzezeit
Die Rhône-Kultur in der Westschweiz
Die Arbon-Kultur in der Schweiz
Die Schweiz in der Mittelbronzezeit
Die Schweiz in der Spätbronzezeit
Deutschland in der Urzeit. Von der Entstehung des Lebens bis zum Ende der Eiszeit
Deutschland in der Steinzeit. Jäger, Fischer und Bauern zwischen Nordseeküste und Alpenraum
Deutschland in der Bronzezeit. Bauern, Bronzegießer und Burgherren zwischen Nordsee und Alpen
Dinosaurier in Deutschland (zusammen mit Raymund Windolf)
Dinosaurier von A bis K. Von Abelisaurus bis zu Kritosaurus
Dinosaurier von L bis Z. Von Labocania bis zu Zupaysaurus
Dinosaurier in Bayern. Von Cetiosauriscus bis zu Sciurumimus
Der rätselhafte Spinosaurus. Leben und Werk des Forschers Ernst Stromer von Reichenbach
Compsognathus. Der Zwergdinosaurier aus Bayern
Plateosaurus. Der Deutsche Lindwurm
Liliensternus. Ein Raubdinosaurier aus der Triaszeit
Eiszeitliche Geparde in Deutschland
Eiszeitliche Leoparden in Deutschland
Höhlenlöwen. Raubkatzen im Eiszeitalter

Johann Jakob Kaup. Der große Naturforscher aus Darmstadt
Monstern auf der Spur. Wie die Sagen über Drachen, Riesen und Einhörner entstanden
Neues vom Ur-Rhein. Interview mit dem Geologen und Paläontologen Dr. Jens Sommer
Österreich in der Frühbronzezeit
Österreich in der Mittelbronzezeit
Österreich in der Spätbronzezeit
Raub-Dinosaurier von A bis Z. Mit Zeichnungen von Dmitry Bogdanav und Nobu Tamura
Rekorde der Urmenschen. Erfindungen, Kunst und Religion
Rekorde der Urzeit. Landschaften, Pflanzen und Tiere
Säbelzahnkatzen. Von Machairodus bis zu Smilodon
Säbelzahntiger am Ur-Rhein. Machairodus und Paramachairodus
Was ist ein Menhir? Interview mit dem Mainzer Archäologen Dr. Detert Zylmann
Wer ist der kleinste Dinosaurier? Interviews mit dem Wissenschaftsautor Ernst Probst
Wer war der Stammvater der Insekten? Interview mit dem Stuttgarter Biologen und Paläontologen Dr. Günther Bechly
Kastel in der Vorzeit. Von der Jungsteinzeit bis Christi Geburt
Kostheim in der Vorzeit. Von der Jungsteinzeit bis Christi Geburt
Die Altsteinzeit. Eine Periode der Steinzeit in Europa vor etwa 1.000.000 bis 10.000 Jahren
Anno. 1.000.000. Deutschland in der älteren Altsteinzeit
Wiesbaden in der Steinzeit. Von Eiszeit-Jägern bis zu frühen Bauern

Wiesbaden vor 600.000 Jahren. Die Fossilien der Mosbach-Sande

Mainz in der Steinzeit. Von Eiszeit-Jägern bis zu frühen Bauern

Österreich in der Altsteinzeit. Vor 250.000 bis 10.000 Jahren

Das Protoacheuléen. Eine Kulturstufe der Altsteinzeit vor etwa 1,2 Millionen bis 600.000 Jahren

Das Altacheuléen. Eine Kulturstufe der Altsteinzeit vor etwa 600.000 bis 350.000 Jahren

Das Jungacheuléen. Eine Kulturstufe der Altsteinzeit vor etwa 350.000 bis 150.000 Jahren

Das Moustérien. Die große Zeit der Neanderthaler

Das Moustérien in Österreich. Eine Kulturstufe der Altsteinzeit

Das Aurignacien. Eine Kulturstufe der Altsteinzeit vor etwa 40.000 bis 31.000 Jahren

Das Gravettien. Eine Kulturstufe der Altsteinzeit vor etwa 35.000 bis 24.000 Jahren

Das Magdalénien. Die Blütezeit der Rentierjäger vor etwa 18.000 bis 14.000 Jahren

Die Hamburger Kultur. Eine Kulturstufe der Altsteinzeit vor etwa 15.700 bis 14.200 Jahren

Die Federmesser-Gruppen. Eine Kulturstufe der Altsteinzeit vor etwa 14.000 bis 12.800 Jahren

Das Steinzeit-Grab von Bonn-Oberkassel. Ein rätselhafter Fund aus der Zeit der Federmesser-Gruppen

Die Ahrensburger Kultur . Eine Kulturstufe der Altsteinzeit vor etwa 12.700 bis 11.650 Jahren

Die Mittelsteinzeit. Eine Periode der Steinzeit vor etwa 8.000 bis 5.000 v. Chr.

Deutschland in der Mittelsteinzeit

Die Mittelsteinzeit in Baden-Württemberg
Die Mittelsteinzeit in Rheinland-Pfalz
Die Mittelsteinzeit in Bayern
Die Mittelsteinzeit in Thüringen, Sachsen-Anhalt, Sachsen und im südlichen Brandenburg
Die Mittelsteinzeit in Hessen
Die Mittelsteinzeit in Niedersachsen
Die Mittelsteinzeit in Nordrhein-Westfalen
Die Mittelsteinzeit in Schleswig-Holstein, Mecklenburg und im nördlichen Brandenburg
Die Jungsteinzeit. Eine Periode der Steinzeit vor etwa 5.500 bis 2.300 v. Chr.
Die ersten Bauern in Deutschland. Die Linienbandkeramische Kultur (5.500 bis 4.900 v. Chr.)
Die Ertebölle-Ellerbek-Kultur. Eine Kultur der Jungsteinzeit vor etwa 5.000 bis 4.300 v. Chr.
Die Stichbandkeramik. Eine Kultur der Jungsteinzeit vor etwa 4.900 bis 4.500 v. Chr.
Die Hinkelstein-Gruppe. Eine Kulturstufe der Jungsteinzeit vor etwa 4.900 bis 4.800 v. Chr.
Die Rössener Kultur. Eine Kultur der Jungsteinzeit vor etwa 4.600 bis 4.300 v. Chr.
Die Baalberger Kultur. Eine Kultur der Jungsteinzeit vor etwa 4.300 bis 3.700 v. Chr.
Die Michelsberger Kultur. Eine Kultur der Jungsteinzeit vor etwa 4.300 bis 3.500 v. Chr.
Die Kupferzeit. Wie die ersten Metalle in Mitteleuropa bekannt wurden
Pfahlbauten in Süddeutschland. Dörfer der Jungsteinzeit und Bronzezeit an Seen, Mooren und Flüssen
Die Salzmünder Kultur. Eine Kultur der Jungsteinzeit vor etwa 3.700 bis 3.200 v. Chr.

Die Wartberg-Kultur. Eine Kultur der Jungsteinzeit vor etwa 3.500 bis 2.800 v. Chr.
Die Chamer Gruppe. Eine Kulturstufe der Jungsteinzeit vor etwa 3.500 bis 2.700 v. Chr.
Die Walternienburg-Bernburger Kultur. Eine Kultur der Jungsteinzeit vor etwa 3.200 bis 2.800 v. Chr.
Die Kugelamphoren-Kultur. Eine Kultur der Jungsteinzeit vor etwa 3.100 bis 2.700 v. Chr.
Die Schnurkeramischen Kulturen. Kulturen der Jungsteinzeit vor etwa 2.800 bis 2.400 v. Chr.
Die Glockenbecher-Kultur. Eine Kultur der Jungsteinzeit vor etwa 2.500 bis 2.200 v. Chr.
Große Kometen. Schweifsterne in Wort und Bild
Meteoriten. Die wichtigsten Funde und Krater